小神童·科普世界系列

揭秘昆虫

林晓慧◎编著

浙江摄影出版社
全国百佳图书出版单位

昆虫世界历险记

昆虫的世界里，小草像楼房一样高，水滴像个小水坑。让我们走进昆虫王国，开启一场紧张又刺激的昆虫世界历险吧！

黑压压的一群蝗虫从远处飞了过来。成群结队的蝗虫要去农田里偷吃庄稼啦！

看，远处整齐排列的"士兵"组成了蚂蚁军队。每只蚂蚁都背着食物，它们正在搬家呢！

这个小池塘里蠕动的小虫子是什么呢？它们的名字叫孑孓。孑孓在水里长大后，就会变成贪婪的吸血恶魔——蚊子。

谁穿着带有七个黑圆点的红衣裳？原来是美丽的七星瓢虫小姐。

蝴蝶扇动着美丽的翅膀，身姿优雅。

黑黑的独角仙正准备爬到高高的树上，它就像大力士一样威猛。

咦，兰花怎么动起来了？快让我们仔细看看。这竟然是一只兰花螳螂！它长得很像兰花，是一位"拟态大师"。

小蜜蜂"嗡嗡嗡"地在花丛中飞舞，勤劳地采着花蜜。

3

昆虫生活在哪里

昆虫的种类真不少，它们平时生活的场所也多种多样。让我们到大自然的不同角落去寻找昆虫吧！

有些昆虫不会飞，它们往往没有翅膀，或者只有退化了的翅膀。像蟑螂等昆虫，它们喜欢在地表活动。

瞧，许多昆虫喜欢在空中飞舞，如蜻蜓、蝴蝶、蜜蜂、蚊子等。它们拥有翅膀，能够自由自在地飞翔。

不少昆虫喜欢生活在水里，比如田鳖、龙虱等。看，蜻蜓将卵产在了水里。

田鳖

龙虱

5

小昆虫，大作用

和人类比起来，昆虫的体形小多了！不过，小昆虫却有着大作用。

蜜蜂和蝴蝶等昆虫，在花丛中飞来飞去，正在帮助花朵授粉呢！

许多花需要通过授粉，才能结出香甜的果实。

白蜡虫分泌的白色蜡质，可制成蜡烛。

洋红虫可以用来制作红色的染料。

对许多动物而言，昆虫是美味的食物，能够填饱肚子。

虱子、食尸虫等小昆虫，喜欢吃腐烂的动物尸体。

虱子

食尸虫

蜣螂专门吃动物的粪便，被誉为"大自然的清道夫"。

蜣螂

别瞧昆虫长得小，它们能够帮助地球维持生态平衡，净化环境！

7

昆虫的身体结构

昆虫几乎遍布世界的各个角落。它们的身体结构也有一定的共性，快来瞧瞧吧！

与脊椎动物不同，昆虫体内没有内骨骼的支撑。

昆虫没有鼻子，它们大多是靠气管呼吸的。

以蜻蜓为例，成年昆虫大致可分为头部、胸部和腹部三个部分。昆虫的头部有触角、眼、口器等；胸部有三对足，两对或一对翅膀，也有没翅膀的；腹部有节，两侧有气门。

蜻蜓的头上长着复眼、触角，还有咀嚼式口器。

蜻蜓有两对翅膀，六条腿。

昆虫的生长方式

昆虫们是如何一步步长大的呢？让我们来了解一下它们的生长方式吧！

有些昆虫是一次受孕，终生产卵，比如苍蝇、蟑螂等。

在成长的过程中，几乎所有的昆虫都会经历"蜕皮"。看，蝴蝶的幼虫在蜕皮。它慢慢地脱掉了原来的"外套"，换上更大的新表皮。

温度是决定昆虫生长发育速度的重要因素，它们在温暖的气候里生长得更快。

水里也常常生活着许多幼虫。田鳖身上背负着它们的幼虫。

瞧，当幼虫变为成虫，它才爬到地面上活动。

对不少昆虫来说，地下更加安全。金龟子的幼虫躲在地下，安心地成长。

11

昆虫 "建筑师"

动物世界里，不少昆虫是优秀的建筑师。它们建造的房子，总能让人惊叹不已！

蜜蜂的巢穴俗称 "蜂巢"。它是由无数个六边形的 "小房子" 组成的，构造十分精巧。蜜蜂们可以在蜂巢里贮存蜂蜜、哺育幼虫。

蟋蟀喜欢在砖石下、土穴中、草丛间建造洞穴。看，蟋蟀的洞穴干净整洁，最里面就是它的卧室。

12

蚂蚁们的洞穴就像一座豪华的地下宫殿。蚁穴里，设有育婴室、贮粮室、蚁后的卧室等。瞧，蚂蚁们正搬运着食物，往蚁穴的方向爬去。

昆虫的 "秘密武器"

昆虫小小的身躯里，有着各种各样的秘密武器。它们帮助昆虫发动进攻，在大自然中顽强地生存下去。

许多昆虫能够把自己伪装成不同的样子，这就是拟态。

兰花螳螂喜欢假扮成兰花的样子，等待猎物靠近，然后猛地给出致命一击！

兰花螳螂的 "手臂" 上还长着锋利的锯齿，就像两把巨大的刀。

有的昆虫长着毒针，能够把危险的毒液注射到敌人体内。红火蚁的毒刺能让人痛不欲生，像被火烧一样痛。

射炮步甲可以喷射毒液，它火辣辣的毒液能够夺走对方的生命。

猎蝽用坚硬的"喙"将含毒素的唾液注入猎物体内，使猎物的身体内部慢慢溶解，变成它的"果汁"。

15

昆虫的 "保护伞"

有的昆虫勇猛好斗，有的昆虫则只想保护好自己，过上安稳的生活。为此，许多昆虫逐渐进化出了各种各样的 "保护伞"。

有的昆虫长出鲜艳的警戒色，警告天敌远离自己。

象鹰蛾毛虫的花纹看起来像一条小蛇，它就是用这一招吓跑敌人的呢！

卷心菜斑色蝽有着十分鲜亮的外衣，捕食者通常不敢吃掉它。

蜂形虎天牛长得很像厉害的胡蜂，假装自己是个 "狠角色"。

胡蜂的身上满是黄黑相间的条纹，告诉天敌 "我很危险"。

有些昆虫身上的颜色跟周围环境的颜色一致，这种颜色叫作保护色。有保护色的昆虫不容易被天敌发现。

蝉的颜色和树干几乎一样，不过它喧闹的叫声却"出卖"了自己。

在这堆枯黄的叶子里，你有没有发现什么秘密？原来，其中的一片"枯叶"其实是一只枯叶蝶！

17

可爱的益虫

昆虫世界，无奇不有。有些小昆虫是人类的好帮手！

直接或间接对人类有益的昆虫，被称为益虫。

豆娘就是益虫。别看它长得纤弱，豆娘可是捕捉害虫的小能手！

桑蚕喜欢吃桑叶，能吐出白花花的丝。幼虫吐的丝是重要的纺织原料哦！

蜻蜓专门捕食蚊子、苍蝇等害虫。

蜜蜂能传播花粉，还能酿出美味的蜂蜜。

瓢虫的身上长着红色、黑色或黄色的小斑点，很好辨认。蚜虫最喜欢吸食植物的汁液，是农业害虫，而瓢虫可以消灭蚜虫。

美丽的蝴蝶

蝴蝶是最美的昆虫之一，在生活中很常见，快来认识一下它吧！

蝴蝶的幼虫由小小的虫卵孵化而来，这些虫卵常常附在叶子上。

蝴蝶的"嘴巴"又长又细，名叫"口器"。蝴蝶会把口器伸到花蕊中，像我们用吸管喝饮料一样，吸食花蜜。

瞧，这些毛毛虫就是蝴蝶的幼虫。

在幼虫变为成虫之前，蝴蝶还需要化蛹。

它会把自己包裹在蛹壳内，悄悄长大。等它破茧而出，就是一只真正的蝴蝶啦！

20

蝴蝶喜欢在温暖的阳光下飞行。

这群蝴蝶的颜色，很像以前葡萄牙邮差制服的颜色，所以它们被称为"邮差蝴蝶"。

黑脉金斑蝶会像许多候鸟那样迁徙，常常在加拿大、美国和墨西哥之间飞来飞去。

21

多样的飞蛾

作为蝴蝶的亲戚，飞蛾也在昆虫家族闯出了一片天，来和它们交朋友吧！

幼虫破茧成为飞虫后，就喜欢用长长的口器吸食花蜜和树汁。

呀，有的飞蛾刺破果实，吸食果汁，损害了水果。

22

飞蛾的幼虫喜欢嚼叶子吃。

飞蛾喜欢在夜间出来活动。它们会围着光亮团团转！

展开翅膀的条背天蛾，看起来就像一架战斗机。

帝王蛾的翅膀图案跟猫头鹰的眼睛很像，可以用来吓跑捕食者。

跟大多数飞蛾不同，朱砂蛾喜欢在白天活动。它那鲜艳的体色是一种警告，可以吓退一些捕食者。

讨厌的害虫

　　有些昆虫喜欢搞破坏。对人类来说，它们就是令人讨厌的害虫！

　　椿象会释放一种奇怪又难闻的气体，平时吸食植物茎和果实的汁，多数是害虫。

蝗虫专门吃庄稼，小麦、玉米、水稻等农作物都是它爱吃的。一群蝗虫袭来，好不容易种下的庄稼就要遭殃了。

别小瞧白蚁，它们最爱吃木材了。看，这栋木屋被白蚁们破坏，轰然倒塌了！

蚊子爱叮人，让人的皮肤又痒又肿。

苍蝇不讲卫生，身上携带着多种病菌，通过接触食物把病菌传染给人类。

25

昆虫中的大个子

在热带地区的昆虫界，会出现许多大个子。让我们来看看这些大家伙吧！

瞧，这只昆虫举着前肢，仿佛在祈祷。这是马来树枝螳螂，是螳螂界的"巨无霸"。它能捕食青蛙和鸟呢！

在亚马孙雨林中，生活着一种神秘的昆虫——泰坦大天牛。它是世界上最大的昆虫之一，身体将近 17 厘米长。

亚历山大鸟翼蝶是世界上最大的蝴蝶，它展开翅膀时，比成年人的手掌还要大！

瞧，是谁在爬？它叫长戟大兜虫。它是甲虫界的大家伙，也是个大力士。它能举起比自己重几百倍的东西呢！

责任编辑　姚成丽
责任校对　高余朵
责任印制　汪立峰

项目策划　北视国
装帧设计　北视国

图书在版编目（CIP）数据

揭秘昆虫 / 林晓慧编著．-- 杭州 ：浙江摄影出版
社，2022.1
　（小神童·科普世界系列）
　ISBN 978-7-5514-3626-7

　Ⅰ．①揭… Ⅱ．①林… Ⅲ．①昆虫－儿童读物 Ⅳ．
①Q96-49

中国版本图书馆CIP数据核字（2021）第237907号

JIEMI KUNCHONG
揭秘昆虫
（小神童·科普世界系列）

林晓慧　编著

全国百佳图书出版单位
浙江摄影出版社出版发行
　　　地址：杭州市体育场路347号
　　　邮编：310006
　　　电话：0571-85151082
　　　网址：www.photo.zjcb.com
制版：北京北视国文化传媒有限公司
印刷：唐山富达印务有限公司
开本：889mm×1194mm　1/16
印张：2
2022年1月第1版　　2022年1月第1次印刷
ISBN 978-7-5514-3626-7
定价：39.80元